AKNI AHCÈNE
BIDI MANEL

PRODUÇÃO DE ENERGIA ATRAVÉS DO PROCESSO DE BIOGÁS

AKNI AHCÈNE
BIDI MANEL

PRODUÇÃO DE ENERGIA ATRAVÉS DO PROCESSO DE BIOGÁS

ScienciaScripts

Imprint

Cover image: www.ingimage.com

This book is a translation from the original published under ISBN 978-620-7-80642-3.

Publisher:
Sciencia Scripts
is a trademark of
Dodo Books Indian Ocean Ltd. and OmniScriptum S.R.L publishing group

120 High Road, East Finchley, London, N2 9ED, United Kingdom
Str. Armeneasca 28/1, office 1, Chisinau MD-2012, Republic of Moldova, Europe
Managing Directors: Ieva Konstantinova, Victoria Ursu
info@omniscriptum.com

Printed at: see last page
ISBN: 978-620-8-35816-7

PRODUÇÃO DE ENERGIA PELA

PROCESSO DE BIOGÁS

AKNI AHCÈNE DO AUTOR - BIDI MANEL

Resumo

Tendo em conta o aumento dos resíduos, a execução de uma estratégia de gestão eficaz e sustentável tornou-se cada vez mais urgente. A gestão sustentável deve centrar-se em métodos de tratamento que possam valorizar os materiais e a energia contidos nestes resíduos.

O principal método de tratamento de resíduos na Argélia é a deposição em aterro. É o método mais antigo e mais amplamente praticado devido ao seu custo mais baixo do que outros processos de eliminação, mas tem muitas desvantagens. Devido ao desenvolvimento da tecnologia, esperamos utilizar os nossos resíduos de uma forma mais moderna para a exploração de energia com um custo e impacto minimizados no ecossistema.

Palavras-chave: Gestão de resíduos, técnicas de tratamento, biogás, energia sustentável.

Índice

Acrónimo

ACP	Assembly Communal of People
AD	Anaerobic Digestion
CHP	Central Heat and Power Station
CH_4	Methane
CO_2	Carbon Dioxide
C&D	Construction and Demolition
DNA	Deoxyribonucleic Acid
EC	European Community
EEP	European Economic Community
GDP	Gross Domestic Product
GHG	Greenhouse Gas
H_2	Hydrogen
H_2O	Water Steam
H_2S	Sulphuretted Hydrogen
HF	Hydrogen Fluoride
HCl	Hydrogen Chloride
ISO	International Organization for Standardization
MSW	Municipal Solid Waste
NH_3	Ammonia
NO	Nitrogen Monoxide
NO_2	Nitrogen Dioxide
N_2	Nitrogen
O_2	Oxygen
PH	Potential Hydrogen
RNA	Ribonucleic Acid
SO_2	Sulphur Dioxide
TOC	Total Organic Carbon
UK	United Kingdom
UNSD	United Nations Statistics Division
USD	United States Dollar
VFA	Volatile Fatty Acid

Introdução geral

O crescimento demográfico, o desenvolvimento económico e a cultura de consumo estão a provocar um aumento da produção de diferentes tipos de resíduos, o que representa uma verdadeira ameaça para a saúde das pessoas, para o ambiente e para a socioeconomia. Consequentemente, um resíduo é representado como uma ameaça, um risco, logo que se considera o contacto, direto ou após tratamento, com o ambiente. A difusão destes poluentes num meio é frequentemente acompanhada de um risco para a saúde, pelo que é necessário tratá-los seguindo procedimentos muito específicos.

Perante esta constatação preocupante, surge a necessidade de uma resposta nacional proporcional à gravidade da situação. Assim, é necessário um sistema de gestão baseado na legislação nacional e uma aplicação rigorosa. Entretanto, devem ser abordadas várias questões: informação, sensibilização, formação do pessoal relevante, responsabilidades claras, afetação de recursos humanos e financeiros, desenvolvimento bem pensado e aplicação de boas práticas. Práticas relativas ao manuseamento, armazenamento, processamento, deslocação e eliminação

Este livro divide-se em duas partes:

- Na primeira parte, falaremos sobre o conceito de resíduos (antigos e novos), definições, tipos de resíduos, estatísticas sobre os mesmos, razões para o aumento da sua produção e o seu impacto nos seres humanos, no ambiente e na socioeconomia. Falaremos sobre o processo, as vantagens, as limitações e a regulamentação das diferentes técnicas de tratamento de resíduos.
- Na segunda parte, falaremos sobre a descrição do processo, reacções no digestor, elementos constituintes do sistema, tipos de digestores, vantagens do biogás e o que acontece aos

resíduos após a sua utilização. E quanto custa a construção de uma central de biogás e a avaliação energética. Por fim, este livro é encerrado com uma conclusão geral que descreve o trabalho efectuado.

Parte 01: Resíduos e seu impacto

1.1. Introdução

F Desde a antiguidade até aos nossos dias, os resíduos são considerados um perigo grave para a sociedade. Neste capítulo, veremos o antigo e o novo conceito de resíduos, as definições, os tipos de resíduos, as estatísticas constantes sobre os mesmos, as razões do aumento da sua produção e o seu impacto nos seres humanos, no ambiente e na socioeconomia.

1.2. Conceitos e definições

1.2.1. Conceito de resíduos

1.2.1.1. Conceito antigo

O conceito antigo equiparava os resíduos a um "não-valor" ou a um valor negativo (é preciso pagar para se livrar deles), a um incómodo, a uma poluição e a um perigo de que era preciso livrar-se.

1.2.1.2. Novo conceito

Atualmente, é considerado um "recurso", uma matéria-prima que deve ser gerida de forma inteligente, deixando de representar um perigo ou um incómodo para o ambiente [1].

1.2.2. Definições de resíduos

1.2.2.1. Resíduos de acordo com a Convenção de Basileia

Os resíduos são substâncias ou objectos eliminados, destinados a ser eliminados ou cuja eliminação é exigida pelas disposições da legislação nacional.

1.2.2.2. A Divisão de Estatística das Nações Unidas (UNSD)

Os resíduos são materiais que não são produtos de primeira qualidade (ou seja, produtos produzidos para o mercado), para os quais o produtor não tem qualquer utilização em termos dos seus próprios objectivos de produção, transformação ou consumo, e dos quais pretende desfazer-se.

Os resíduos podem ser gerados durante a extração de matérias-primas, a transformação de matérias-primas em produtos intermédios e finais, o consumo de produtos finais e outras actividades humanas. Estão excluídos os resíduos reciclados ou reutilizados no local de produção [2].

1.2.2.3. Dicionário Merriam Webster

Os resíduos são definidos pelo Merriam Webster's Dictionary como um material, substância ou subproduto eliminado, deitado fora ou para o qual não se encontra utilidade. Os resíduos são o resultado final de uma atividade e podem também ser o início de outra atividade.

Por vezes, os resíduos, como o papel, também podem ser reciclados. Nesse caso, o papel usado é um resíduo para a pessoa que acabou de o utilizar. Mas um novo produto ou matéria-prima para outra pessoa que o começa a utilizar. A utilizá-lo para outra coisa. Assim, dependendo da utilização que lhe é dada, pode ser o produto final de uma atividade e, no entanto, um recurso material para outra.

Por exemplo, a casca do amendoim e a casca da banana são resíduos para a pessoa que comeu o amendoim e a banana. No entanto, são novos produtos para a pessoa que os recicla para compostagem ou os converte em energia.

Os resíduos também podem ser definidos como qualquer objeto para o qual as pessoas já não têm utilidade e que tencionam deitar fora ou que já deitaram fora. A questão que temos de colocar a nós próprios é a seguinte: haverá realmente objectos para os quais não encontraremos utilidade? Assim, os resíduos também podem ser definidos como qualquer substância que não é reciclada de forma segura no ambiente ou no mercado.

Por outras palavras, nenhum artigo pode ser considerado resíduo até ser eliminado de forma insegura na atmosfera. Num sentido mais lato, os resíduos são definidos pela Agência de Proteção do Ambiente como qualquer matéria - sólida, líquida, gasosa ou radioactiva - que é descarregada, emitida ou depositada no ambiente em volumes, constituintes ou de tal forma que causa danos ao ambiente. Estes danos podem ser reversíveis, mas, em muitos casos, podem não ser reversíveis. Neste sentido, os resíduos podem causar danos consideráveis ao ambiente se não forem corretamente geridos [3].

1.3. Categorias de resíduos

Os consumidores, os fabricantes, os serviços públicos e as indústrias geram um vasto espetro de resíduos com propriedades químicas e físicas drasticamente diferentes. A fim de implementar estratégias de gestão rentáveis que sejam benéficas para a saúde pública e o ambiente, é prático classificar os resíduos. Por exemplo, os resíduos podem ser designados por tipo de gerador, ou seja, a fonte ou a indústria que gera o fluxo de resíduos. Algumas das principais classes de resíduos incluem: Municipal, Perigoso, Industrial, Médico, Construção e demolição, Radioativo, Mineiro, Agrícola e Universal.

1.3.1. Resíduos sólidos urbanos

Os RSU, também conhecidos como resíduos domésticos ou, por vezes, lixo doméstico, são produzidos numa comunidade a partir de várias fontes, e não apenas por um consumidor individual ou por um agregado familiar. Os RSU têm origem em fontes residenciais, comerciais, institucionais, industriais e municipais. Os exemplos dos tipos de RSU produzidos por cada uma das principais fontes são apresentados na Tabela
1 .1.

Os resíduos urbanos são altamente heterogéneos e incluem bens duradouros (por exemplo, electrodomésticos), bens não duradouros (jornais, papel de escritório), embalagens e contentores, resíduos alimentares, resíduos de estaleiro e resíduos inorgânicos diversos. Para facilitar a visualização, os RSU são frequentemente divididos em duas categorias: lixo e entulho.

- O lixo é composto de resíduos vegetais e animais gerados como resultado da preparação e consumo de alimentos. Este material é putrescível, o que significa que pode decompor-se com rapidez suficiente através de reacções microbianas para produzir maus odores e gases nocivos.
- O lixo é a componente dos RSU que exclui os resíduos alimentares e não é putrescível. Alguns, mas não todos, os resíduos são combustíveis. O Quadro 1.2 enumera os materiais que constituem os RSU [4].

Tablel-I Produção de resíduos sólidos urbanos em função da fonte [4]

Residencial (unifamiliar e multifamiliar) casas)	Restos de alimentos, embalagens de alimentos, latas, garrafas, jornais, vestuário, resíduos de jardim, electrodomésticos velhos.
Comercial (edifícios de escritórios, retalho empresas, restaurantes)	Papel de escritório, caixas de cartão canelado, resíduos alimentares, loiça descartável, guardanapos de papel, resíduos de jardim, paletes de madeira.
Institucional (escolas, hospitais, prisões)	Papel de escritório, caixas de cartão canelado, refeitório, resíduos, resíduos de casas de banho, resíduos de sala de aula, resíduos de jardim.
Industrial (embalagem e administrativos; não são resíduos de processos)	Papel de escritório, caixas de cartão canelado, paletes de madeira, resíduos de cafetaria.
Municipal	Lixo, varredura de rua, abandono automóveis, alguns detritos de construção e demolição.

Tabela 1-2 Composição física dos resíduos sólidos urbanos [4]

Classe química	Composição geral	
Orgânico	Produtos de papel	Papel de escritório, impressões de computador, embalagens de cartão canelado.
	Plásticos	Politereftalato de etileno Polietileno de alta densidade Policloreto de vinilo Polietileno de baixa densidade Polipropileno Poliestireno Plásticos multicamadas Outros plásticos, incluindo embalagens assépticas.
	Alimentação	Alimentos (putrescíveis)
	Resíduos de jardinagem	Aparas de relva, aparas de jardim, folhas, madeira, ramos
	Têxteis /borracha	Pano, tecido Carpete Borracha Couro
Inorgânicos	Vidro	Transparente (sílex)
	Metais	Ferrosos Alumínio Outros metais não ferrosos (cobre, zinco, crómio)

	Sujidade	Terra Pedras Cinzas
	Resíduos volumosos	Móveis, frigoríficos, fogões, etc. (produtos brancos).

1.3.2. Resíduos perigosos

Quaisquer resíduos ou combinações de resíduos que representem um perigo substancial, atual ou potencial, para a saúde humana ou para os organismos vivos, devido ao facto de esses resíduos não serem degradáveis ou serem persistentes por natureza ou poderem ser letais, ou ainda por poderem causar ou tender a causar efeitos cumulativos prejudiciais.

Por outras palavras, um resíduo perigoso é um resíduo que, devido à sua quantidade, concentração ou caraterísticas físicas, químicas ou infecciosas, pode causar ou contribuir para um aumento da mortalidade, doença grave ou incapacidade, ou constituir um perigo substancial para a saúde humana ou para o ambiente, quando incorretamente tratado, armazenado, transportado ou eliminado, ou gerido de outra forma.

Os resíduos são classificados como perigosos nos termos da regulamentação se apresentarem uma ou mais das seguintes caraterísticas.

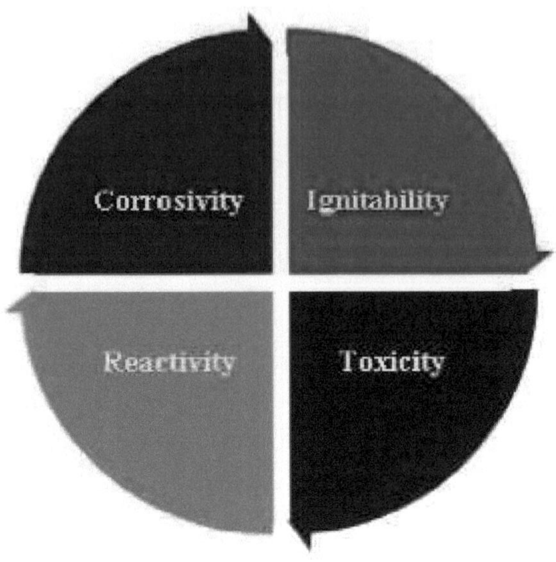

Figural-I Caracteres que tornam os resíduos perigosos [4]

Exemplos de resíduos perigosos são os resíduos do tratamento de metais, da preservação da madeira e da refinação de petróleo. Os regulamentos exigem que estes resíduos sejam geridos de forma muito mais rigorosa do que os RSU normais. Indicação do estado dos resíduos desde o ponto de produção, passando pelo armazenamento provisório, tratamento (se for caso disso), transporte e eliminação final. Esta abordagem "do berço à cova" ao tratamento de resíduos perigosos tem sido fundamental para promover uma boa gestão.

1.3.3. Resíduos industriais

Todos os anos, milhares de milhões de toneladas de resíduos sólidos industriais são gerados e geridos no local em instalações industriais. Os resíduos industriais são subprodutos de processos de fabrico e outros. Muitos destes resíduos (mas não todos) são de baixa toxicidade e são normalmente produzidos em quantidades bastante grandes por um produtor individual. Exemplos de um fluxo de resíduos industriais são os sólidos da combustão de carvão, incluindo as cinzas de fundo, as cinzas volantes e as lamas de dessulfuração de gases de combustão. Outras fontes comuns de resíduos industriais são a indústria da pasta de papel e do papel, a indústria do ferro e do aço e a indústria química.

Os resíduos designados como não perigosos são depositados em aterros ou incinerados. Uma grande parte dos resíduos industriais é composta por águas residuais, que são armazenadas ou tratadas em aterros de superfície.

Figura 1-2 Resíduos industriais [5]

1.3.4. Resíduos médicos

Os resíduos hospitalares são gerados durante a administração de cuidados de saúde por instalações médicas e programas de cuidados de saúde ao domicílio, ou como resultado da investigação por instituições médicas, que geram a maior parte dos resíduos hospitalares, incluindo hospitais, médicos, dentistas, veterinários, instalações de cuidados de saúde a longo prazo, clínicas, laboratórios, bancos de sangue e funerárias. No entanto, a maioria dos resíduos hospitalares regulamentados é gerada por hospitais. Embora nem todos os resíduos gerados pelas fontes acima referidas sejam considerados infecciosos, muitas instalações optam por tratar a maior parte ou a totalidade dos seus fluxos de resíduos hospitalares como potencialmente infecciosos.

As classes específicas de resíduos médicos regulamentados incluem reservas de agentes infecciosos (por exemplo, laboratórios patológicos, de investigação e industriais); resíduos patológicos (tecidos, órgãos, partes do corpo, fluidos corporais); resíduos de produtos derivados do sangue humano; material cortante (agulhas hipodérmicas usadas e não usadas, seringas, lâminas de bisturi, etc.).

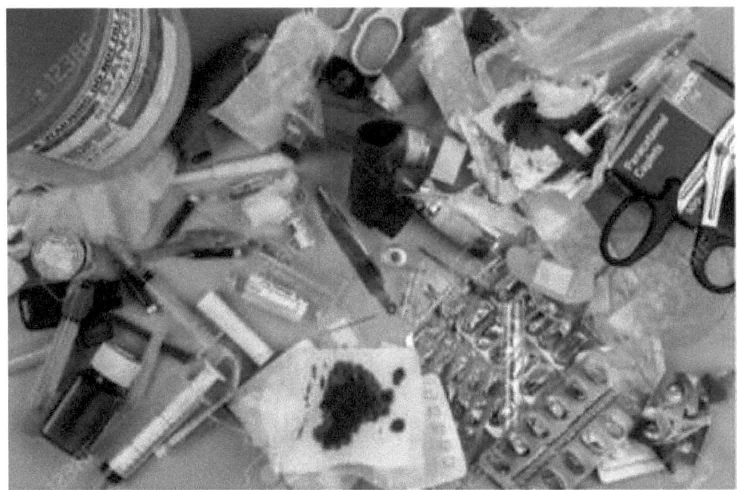

Figura 1-3 Resíduos hospitalares [6]

1.3.5. Resíduos universais

Os resíduos universais incluem pilhas como as de níquel-cádmio e as pequenas pilhas de chumbo-ácido que se encontram em equipamentos electrónicos, telemóveis e computadores portáteis; pesticidas agrícolas que foram retirados ou proibidos de utilizar ou que são obsoletos; termóstatos que contêm mercúrio líquido; lâmpadas que contêm mercúrio ou chumbo e anticongelante, ou seja, uma mistura que contém etilenoglicol ou propilenoglicol utilizada como fluido de transferência de calor ou de desidratação [7].

Os resíduos universais devem ser geridos de forma a evitar libertações para o ambiente. Isto significa que todos os resíduos universais devem ser armazenados da seguinte forma:

- As pilhas, lâmpadas e termóstatos que apresentem indícios de fugas, derrames ou danos que possam causar fugas devem ser mantidos num contentor fechado, estruturalmente sólido e compatível com o seu conteúdo. Os contentores para lâmpadas devem impedir a quebra das lâmpadas e devem permanecer fechados.
- Os resíduos universais de pesticidas e anticongelante devem ser mantidos num contentor, tanque ou outro recipiente que permaneça fechado, seja estruturalmente sólido, compatível com os resíduos universais e que não apresente indícios de fugas, derrames ou danos que possam causar fugas.

Se um contentor apresentar uma fuga, deve ser transferido para um contentor de sobreembalagem. Deve limpar imediatamente e colocar num contentor qualquer lâmpada partida ou que apresente indícios de quebra, fugas ou danos que possam causar a libertação de mercúrio ou outros componentes perigosos para o ambiente [8].

Figura 1-4 Resíduos universais [9]

1.3.6. Resíduos de construção e demolição

Os resíduos de construção e demolição (C&D) são resíduos produzidos durante a construção, renovação ou demolição de estruturas, incluindo edifícios residenciais e não residenciais, bem como estradas e pontes. Os componentes dos resíduos de C&D incluem o betão, o asfalto, a madeira, os metais, os painéis de gesso e os telhados. Os resíduos de limpeza de terrenos, como cepos de árvores, pedras e solo, também estão incluídos nos resíduos de C&D.

Figura 1-5 Resíduos de demolição [10]

1.3.7. Resíduos radioactivos

Os resíduos radioactivos são uma categoria especializada de resíduos industriais. Os principais geradores são as centrais nucleares produtoras de eletricidade, as instalações de reprocessamento de resíduos nucleares e as instalações de armamento nuclear. Os resíduos radioactivos são também produzidos pela investigação e por procedimentos médicos (por exemplo, farmacológicos).

Uma das principais preocupações com os materiais radioactivos (incluindo os resíduos) é a sua capacidade de causar efeitos à distância; por outras palavras, as partículas, e particularmente a radiação gama, podem viajar a uma distância mensurável. As ondas gama podem penetrar na matéria, incluindo nos tecidos vivos. Este efeito é potencialmente perigoso para a saúde, uma vez que os ácidos nucleicos ionizados (ADN e ARN) podem provocar mutações genéticas e cancro.

O combustível de urânio irradiado é um exemplo de resíduo altamente radioativo e contém muitos outros radionuclídeos. Estes resíduos estão altamente regulamentados e são geridos de forma rigorosa; existem requisitos de licenciamento rigorosos para o armazenamento de combustível nuclear usado e de resíduos radioactivos de alto nível.

Figura 1-6 Resíduos radioactivos [11]

1.3.8. Resíduos mineiros

Os resíduos de minas incluem o solo ou a rocha de sobrecarga gerada durante a remoção física do recurso desejado (carvão, metais preciosos, etc.) da subsuperfície. Os resíduos de minas também incluem os rejeitos ou estéreis produzidos durante a transformação de minerais, por exemplo, em operações de fundição. Além disso, os resíduos de escombreiras são produzidos quando metais preciosos como o ouro, a prata ou o cobre são recuperados de pilhas de resíduos de rocha de baixa qualidade ou de rejeitos por pulverização com soluções ácidas ou de cianeto.

Nas operações de extração mineira, os resíduos de sobrecarga e os rejeitos são devolvidos ao ambiente circundante. Quanto maior for a escala da mina, maior será a quantidade de resíduos gerados. As minas a céu aberto são, por conseguinte, mais poluentes, uma vez que geram 8 a 10 vezes mais resíduos do que as minas subterrâneas.

Não existe uma estimativa da quantidade de resíduos gerados por esta indústria a nível mundial. Mas todos concordam que a quantidade é tão grande que é inimaginável. Por exemplo, a produção de uma tonelada de cobre gera 110 toneladas de resíduos de minério e 200 toneladas de escombros. Assim, em 2004, a indústria do cobre gerou globalmente 3348 milhões de toneladas de resíduos para produzir 10,8 milhões de toneladas de cobre metálico. Em apenas 5 anos, entre 2000-2004, a indústria global do cobre gerou 16709 milhões de toneladas de resíduos. Tudo o resto são resíduos. Ninguém sabe quanto é que esta indústria deve ter gerado desde o seu início. E quando a produção de um metal está a gerar tantos resíduos, quanto estará a indústria inteira a gerar [12].

Figura 1-7 Os resíduos mineiros são normalmente devolvidos ao local de exploração [4]

1.3.9. Resíduos agrícolas

A maior parte dos resíduos agrícolas é constituída por estrume animal e resíduos de culturas; no entanto, outros resíduos, como os recipientes e embalagens de pesticidas, também contribuem para esta categoria.

Em operações agrícolas de pequena escala, os resíduos animais e vegetais podem ser reciclados diretamente na superfície do solo. Utilizado no local, este processo pode ser visto como a aplicação de um corretor de solo pouco dispendioso (Figura 1.8). No entanto, quando um grande número de animais está concentrado numa área relativamente pequena, por exemplo, em confinamentos de gado e operações avícolas, a acumulação e a gestão dos resíduos tornam-se uma preocupação mais premente. Os estrumes podem ter de ser transferidos para fora do local para eliminação; as questões de custo e viabilidade tornam-se significativas, uma vez que os estrumes são compostos maioritariamente por água e, por conseguinte, são apenas uma fonte diluída de nutrientes para as plantas. Existem também problemas relacionados com o odor, o teor de agentes patogénicos, a concentração de sal e a produção de amoníaco. Nestes casos, podem ser necessárias técnicas de gestão mais sofisticadas para reduzir o volume e a toxicidade potencial dos resíduos (por exemplo, digestão anaeróbia ou compostagem), tornando assim o material mais rentável para o transporte e higienicamente seguro.

Figura 1-8 Os estrumes animais aplicados nos campos agrícolas servem como um condicionador de baixo custo e uma fonte de nutrientes [4]

1.4. Causa do aumento dos resíduos

A situação de elevada produção de resíduos na Argélia é a mesma em todo o mundo, o que se deve a várias razões, nomeadamente

1.4.1. Crescimento da população

A população da Argélia era de 42,2 milhões de habitantes em 1 de janeiro de 2018, contra 41,3 milhões em 1 de janeiro de 2017 e 40,4 milhões em 1 de janeiro de 2016, segundo o Instituto Nacional de Estatística.

O número de novos nascimentos em 2017 foi de 102.825 em Argel, seguido de Setif (53.328), Oran (41.285), Constantine (38.112) e Batna (36.808). O aumento natural da população atingiu 870 mil pessoas em 2017, uma taxa de crescimento de 2,09 por cento.

Com base no pressuposto de que a taxa de crescimento de 2017 se manterá em 2018, o Instituto Nacional de Estatística prevê que a população total residente atinja 43,4 milhões em 1 de janeiro de 2019.

Na sua previsão para o desenvolvimento da população argelina até 2040, o Bureau observa que, assumindo que a taxa de fertilidade atingirá 2,4 crianças / mulheres com uma esperança de vida de 82 anos para os homens e 83 anos para as mulheres, o número de residentes que vivem na Argélia atinge um número de 44,253 milhões em 2020 e 51,352 milhões em 2030 e 57,65 milhões em 2040. Este facto afecta a produção de resíduos a longo prazo no país [13].

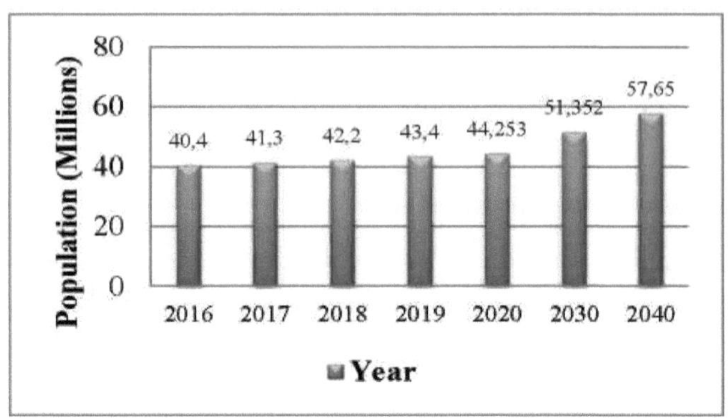

Figura1-9 Crescimento da população da Argélia 2016-2040 [13]

A Figura 1-10 mostra-nos a produção de resíduos projectada, por região (Médio Oriente e Norte de África, África Subsariana, América Latina e Caraíbas, América do Norte, Sul da Ásia, Europa e Ásia Central e Ásia Oriental e Pacífico) em 2016-2030-2050.

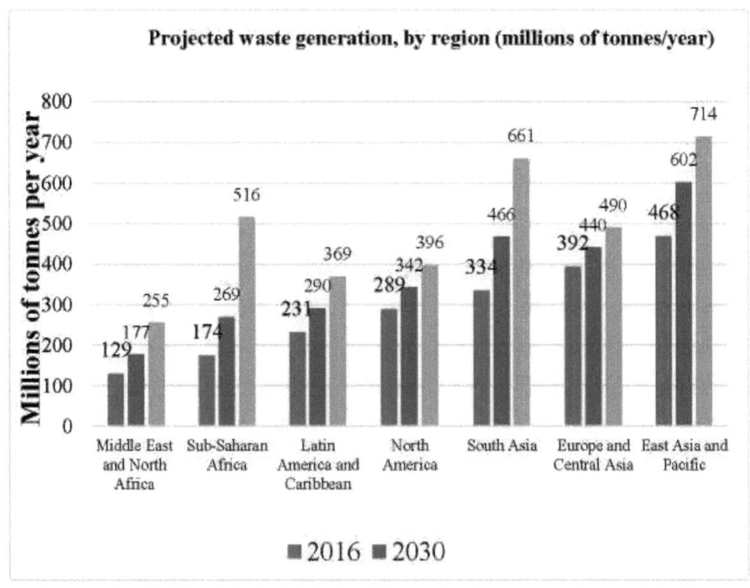

Figura 1-10 Projeção da produção de resíduos, por região [14]

1.4.2. Desenvolvimento económico

O desenvolvimento económico desempenha um papel importante no aumento da taxa de produção de resíduos:

- Aumentar o número de investimentos nacionais e estrangeiros nos sectores público e privado, aumentando assim o número de fábricas e instituições.
- A redução da pobreza e, consequentemente, o aumento da taxa de consumo, a modernização, o avanço tecnológico e o aumento da procura de alimentos e de outros bens essenciais. Isto resultou num aumento da quantidade de resíduos gerados diariamente por cada agregado familiar.
- O Produto Interno Bruto per capita na Argélia foi registado pela última vez em 4825,20 dólares americanos em 2017. O PIB per capita na Argélia é equivalente a 38% da média mundial. O PIB per capita na Argélia foi, em média, de 3474,40 USD entre 1960 e 2017, tendo atingido um máximo histórico de 4827,70 USD em 2016 e um mínimo histórico de 1628,39 USD em 1962[15].

1.4.3. Cultura de consumo

A cultura do consumo é outro fator que contribui para aumentar a produção de resíduos e nota-se que mudou significativamente, em que o cidadão compra o que precisa apenas para comprar qualquer coisa, desde que tenha 10% ou 20% de desconto [16].

Há um ditado americano sobre o consumo: "Compramos coisas de que não precisamos com dinheiro que não temos para impressionar pessoas de quem não gostamos" [17].

O consumidor tornou-se uma figura central, se não a principal, da sociedade. Os objectos de consumo estão por toda a parte, um facto com que nos deparamos todos os dias. Todos nós somos consumidores, indivíduos que diariamente são tentados, abordados ou mesmo manipulados por marcas ou produtos. Escrito como um truísmo, na sociedade de consumo os consumidores são obrigados a consumir. Para alguns académicos, isto significa que o consumo se tornou a principal forma de trabalho na sociedade [18].

Figura 1 - Cultura de consumo [19]

1.5. O impacto dos resíduos

1.5.1. Sobre os seres humanos

Existem riscos potenciais para o ambiente e a saúde decorrentes de um manuseamento incorreto dos resíduos sólidos. Os riscos diretos para a saúde dizem respeito principalmente aos trabalhadores neste domínio, que devem ser protegidos, na medida do possível, do contacto com os resíduos. Existem também riscos específicos no manuseamento de resíduos de hospitais e clínicas. Para o público em geral, os principais riscos para a saúde são indirectos e resultam da reprodução de vectores de doenças, principalmente moscas e ratos.

Os resíduos perigosos não controlados das indústrias que se misturam com os resíduos urbanos criam riscos potenciais para a saúde humana. Os acidentes de viação podem resultar de resíduos tóxicos derramados. Existe um perigo específico de concentração de metais pesados na cadeia alimentar, um problema que ilustra a relação entre os resíduos sólidos urbanos e os efluentes industriais líquidos contendo metais pesados descarregados num sistema de drenagem/esgotos e/ou locais de despejo a céu aberto de resíduos sólidos urbanos e os resíduos descarregados, mantendo assim um ciclo vicioso que inclui estes alguns outros tipos de problemas são os seguintes:

- Intoxicação química por inalação de produtos químicos
- Os resíduos não recolhidos podem obstruir o escoamento das águas pluviais, dando origem a inundações
- Baixo peso à nascença
- Cancro
- Malformações congénitas
- Doença neurológica
- Náuseas e vómitos
- Toxicidade do mercúrio resultante da ingestão de peixe com níveis elevados de mercúrio

Figura 1-12 Riscos para a saúde dos trabalhadores [21]

1.5.2. Sobre o ambiente

A decomposição de resíduos em substâncias químicas constituintes é uma fonte comum de poluição ambiental local. Este problema é especialmente grave nos países em desenvolvimento.

Muito poucos aterros existentes nos países mais pobres do mundo cumprem as normas ambientais aceites nos países industrializados e, com orçamentos limitados, é provável que no futuro haja poucos locais rigorosamente avaliados antes da sua utilização. O problema é novamente agravado pelas questões associadas à rápida urbanização.

Uma das principais preocupações ambientais é a libertação de gás pelo lixo em decomposição. O metano é um subproduto da respiração anaeróbica das bactérias, que se desenvolvem em aterros com grandes quantidades de humidade. As concentrações de metano podem atingir até 50% da composição do gás de aterro na decomposição anaeróbia máxima. Um segundo problema com estes gases é a sua contribuição para o aumento do efeito de estufa e para as alterações climáticas.

A gestão dos lixiviados líquidos varia consoante os aterros sanitários do mundo em desenvolvimento. Os lixiviados representam uma ameaça para os sistemas locais de águas superficiais e subterrâneas. A utilização de depósitos densos de argila no fundo das fossas de resíduos, associada a revestimentos de plástico para evitar a infiltração no solo circundante, é geralmente considerada como a melhor estratégia para conter o excesso de líquido. Desta forma, os resíduos são incentivados a evaporarem-se em vez de se infiltrarem. Esta situação conduz igualmente à extinção de algumas espécies de animais, o que provoca uma deficiência no ecossistema, e à subida do nível das águas, que provoca o desaparecimento total das cidades [20].

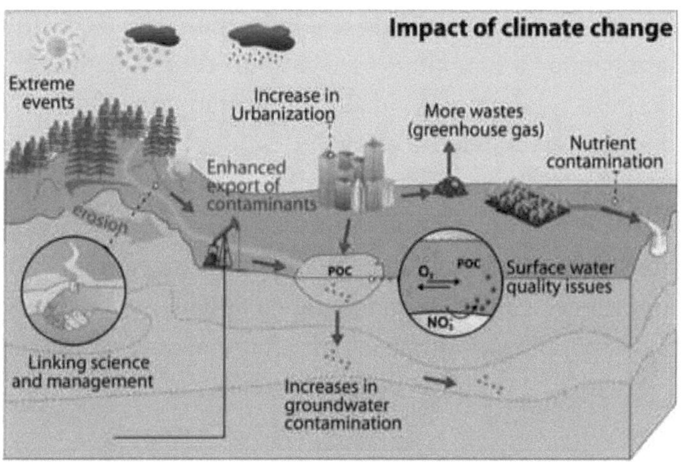

Figura 1-13 Alterações climáticas [22]

1.5.3. No plano socioeconómico

Os resíduos têm custos socioeconómicos muito impressionantes onde são caros para as instituições que os produzem pela sua situação financeira. E socialmente caros na medida em que afectam a estética do local em geral e mais particularmente o ambiente social.

A má gestão dos resíduos pode afetar a economia de várias formas, incluindo a redução da produção alimentar, a falta de saúde humana e animal e a redução do potencial turístico. A utilização ineficiente dos recursos afecta a eficiência económica e a capacidade de produzir os alimentos e os produtos de base necessários para satisfazer as necessidades das populações em crescimento.

A propagação de resíduos, reflexo do nosso estilo de vida, conduz a um desperdício de matérias-primas, de energia e a uma degradação do ambiente natural. Estes resíduos devem, por conseguinte, ser geridos.

Os países em desenvolvimento gastam entre 20% e 40% das suas receitas municipais na gestão de resíduos, mas isso não é suficiente para acompanhar a magnitude e o âmbito do problema. Prevê-se que a despesa total em actividades de gestão de resíduos na Ásia possa duplicar, passando de um valor estimado em 25 mil milhões de dólares em 1999 para 50 mil milhões de dólares em 2025. Os países africanos, ao darem prioridade às suas preocupações ambientais, classificaram os resíduos como o segundo problema mais importante, a seguir à qualidade da água, uma vez que menos de 30% das populações urbanas têm algum acesso a uma remoção adequada e regular do lixo [23].

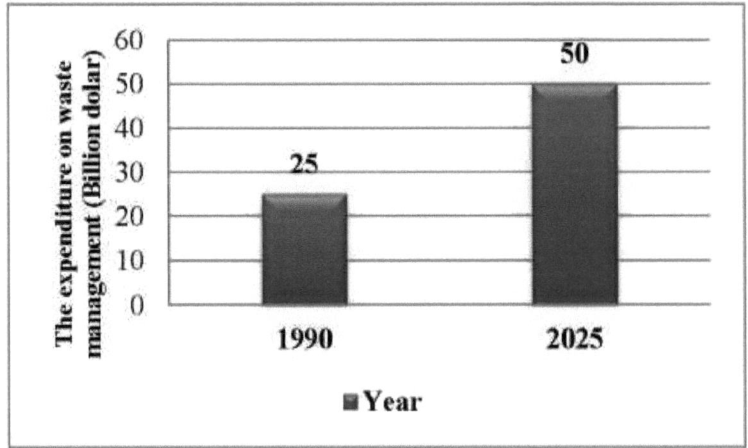

Figura 1-14 Despesas totais com actividades de gestão de resíduos na Ásia [23]

1.6. Conclusão

No conceito antigo, os resíduos são considerados de valor zero ou negativo e o seu conceito varia de pessoa para pessoa e de organização para organização. A sua produção é elevada e o seu impacto é grande, mas se for bem gerido podemos utilizá-lo para melhorar as nossas vidas e o nosso mundo.

Parte 02: Técnicas de tratamento

2.1. Introdução

O aumento da população, para além de outros factores, contribuiu para o aumento da quantidade de resíduos, o que aumentou o seu impacto na população. Neste capítulo veremos o processo, as vantagens, os limites e a regulamentação das diferentes técnicas de tratamento de resíduos.

2.2. Técnicas de tratamento

2.2.1. Os 3R's

As pessoas discutem frequentemente sobre estas questões. Enquanto as pessoas continuam a debater qual o método de eliminação que é "menos mau" para o ambiente, há coisas que cada um de nós pode fazer todos os dias para simplesmente produzir menos lixo (tratar a doença, não apenas os sintomas).

- **Reduzir.** Isto significa fazer escolhas não só sobre o que compra, mas também sobre como compra.
- **Reutilização**. Isto significa encontrar formas de dar aos produtos e embalagens uma segunda, terceira e quarta utilizações [24].
- **Reciclar**. É o processo de recolha e transformação de materiais que, de outra forma, seriam deitados fora como lixo e transformados em novos produtos. Por exemplo, jornais usados, garrafas de vidro, latas de alumínio e outros materiais recicláveis são transformados em novos papéis, garrafas, latas e outros materiais [25].

2.2.1.1. Processo de reciclagem

O processo de reciclagem inclui:

- Recolha ou recolha de resíduos que possam ser transformados de novo.

- Armazenado em armazém.
- Separação do material numa instalação de recuperação de materiais ou numa estação de transferência.
- Entrega na unidade de reciclagem.
- Processamento através de trituração, moagem e fusão numa forma utilizável, utilizando o material reprocessado (em vez de utilizar material virgem) combinado com outros materiais para fabricar novos produtos.
- Vender os novos produtos aos consumidores.

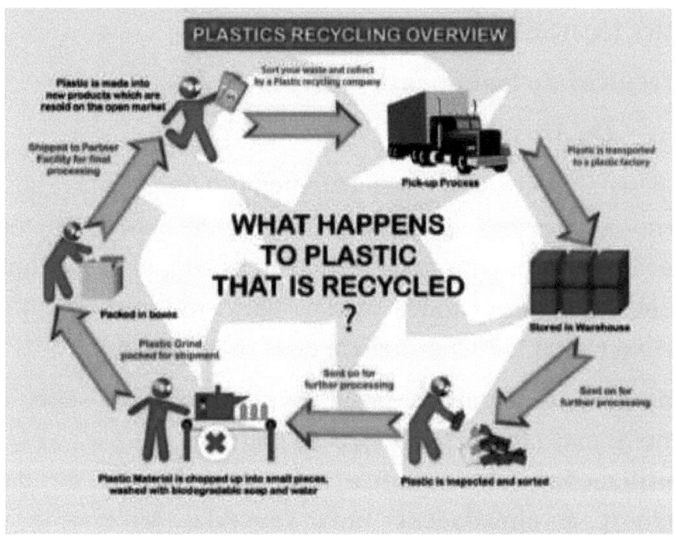

Figura 2-1 Processo de reciclagem [26]

Abaixo está a demonstração do processo de reciclagem, são demonstradas duas opções para a recolha de resíduos:

- Resíduos recicláveis recolhidos através de separação na fonte
- Resíduos recolhidos sem separação na fonte.

Ambos os resíduos recolhidos serão submetidos a uma triagem suplementar antes de serem levados para uma instalação de reciclagem, uma instalação de compostagem ou uma instalação de valorização energética.

O processo tem três utilizações benéficas para os resíduos domésticos e das empresas:

- Resíduos processados numa instalação de reciclagem para fabricar novos produtos.
- Resíduos levados para uma instalação de recuperação de energia para extração/produção de gás.
- Resíduos levados para uma instalação de compostagem.

2.2.1.2. Onde é que a reciclagem se enquadra em termos de gestão integrada de resíduos?

A gestão integrada de resíduos é um método abrangente para garantir que os resíduos são corretamente geridos desde a sua produção até à sua eliminação. Uma abordagem integrada eficaz da gestão de resíduos deve considerar a aplicação de uma hierarquia de gestão de resíduos que garanta que os resíduos são geridos da forma mais eficaz possível para proteger a saúde humana e o ambiente.

Isto implica a avaliação das necessidades e condições locais e, em seguida, a seleção e combinação das actividades de gestão de resíduos mais adequadas a essas condições, de acordo com a hierarquia de gestão de resíduos.

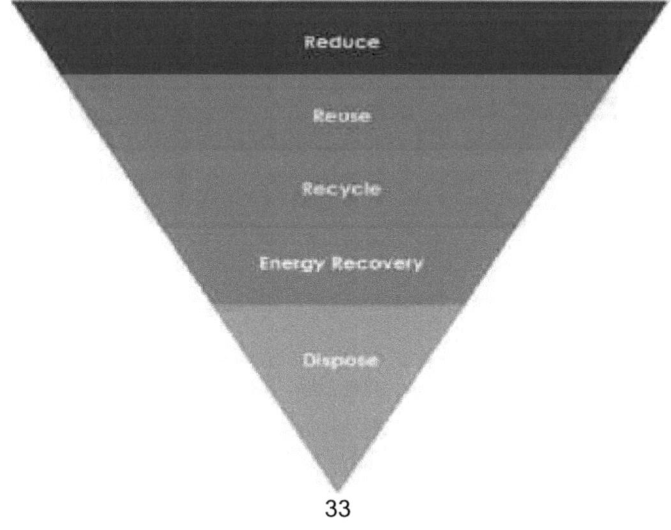

Figura 2-2 Hierarquia da gestão de resíduos [27]

2.2.1.2. Que fluxo de resíduos pode ser reciclado?

A lista que se segue não se limita aos materiais recicláveis disponíveis, mas mostra o que pode ser facilmente acessível em instalações residenciais e comerciais.

Figura 2-3 Exemplos de fluxos de resíduos recicláveis [27]

2.2.1.3. Vantagens e limites da reciclagem

Vantagens ○ **Ambiental**

- Conservar os recursos naturais através da reutilização dos resíduos para o fabrico de novos artigos, em vez de utilizar constantemente os recursos naturais. Conservamos recursos naturais como plantas, minerais e água quando utilizamos materiais de produtos mais do que uma vez. Por exemplo, a reciclagem de papel poupa árvores, água e a energia necessária para cortar, transportar as árvores e triturá-las em pasta de papel.

- Poupa o espaço aéreo dos aterros sanitários, de modo a que estes possam durar mais tempo e não necessitem de terrenos adicionais que podem ser utilizados para outros fins, como a agricultura, a habitação, etc.
- Contribuir para a redução dos factores que contribuem para o aquecimento global (gás de aterro).
- A reciclagem pode reduzir a poluição da água e do ar que poderia resultar da eliminação do material.

o **Economia**

- A reciclagem reduz a necessidade de novas matérias-primas provenientes de fontes recicladas, uma vez que estas custam geralmente menos do que os materiais virgens.
- A reciclagem poupa energia. Por exemplo, o caco de vidro derrete a uma temperatura mais baixa, pelo que é necessária menos energia para derreter a mesma quantidade de material novo.
- Os produtos produzidos localmente utilizando material reciclado reduzem a necessidade de produtos importados e os custos envolvidos (como as flutuações das taxas de câmbio, os custos de transporte e o aumento das emissões).
- A reciclagem reduz os custos de eliminação de resíduos.

o **Social**

- A reciclagem cria empregos formais e informais. O envolvimento das pessoas na cadeia de valor cria outras oportunidades de emprego [27].

▪ **Limites**

o Muitos produtos que contêm materiais recicláveis permanecem em utilização durante períodos prolongados, pelo que o material não está disponível para reciclagem durante o período de vida dos produtos. Os produtos com um tempo de vida curto podem ter um tempo de vida inferior a um ano, enquanto os produtos com um tempo de vida longo podem permanecer em armazém durante mais de 50 anos. Para qualquer um destes tipos de produtos, são necessárias diferentes abordagens de gestão de resíduos para a recolha e o tratamento, a fim de permitir uma reciclagem eficiente e otimizar o potencial dos recursos.

- Os sistemas de recolha e reciclagem de resíduos não são 100% eficientes; assim, nem todos os resíduos recicláveis são capturados, mesmo nas regiões mais modernas.
- O aumento progressivo da procura de novos produtos implica um aumento correspondente do consumo de matérias-primas no processo de fabrico. Assim, mesmo que 100% dos materiais recicláveis pudessem ser recuperados do fluxo de resíduos, a indústria continuaria a precisar de utilizar materiais virgens.
- As perdas são inevitáveis, dado que nenhuma fase de recolha, transformação ou refinação pode proporcionar uma taxa de valorização (= rendimento) de 100% dos materiais recicláveis. Dado que os materiais recicláveis devem cumprir determinados critérios de qualidade (= pureza), haverá sempre um compromisso entre a obtenção de normas de qualidade dos materiais para as utilizações mais elevadas e a perda de potenciais materiais recicláveis devido à transformação necessária para atingir essas normas de qualidade dos materiais recicláveis [28].

2.2.2. Tratamento biológico

2.2.2.1. Aterro sanitário

Um aterro sanitário é um conjunto de cacifos hidraulicamente independentes, em que cada cacifo é considerado um local de deposição de resíduos, através da deposição de resíduos no solo (subterrâneo), este terreno é dotado de barreiras para garantir a drenagem dos lixiviados, "sumo dos resíduos", em condutas para bacias específicas, que tem como objetivo proteger o solo e o lençol freático contra a contaminação pela carga poluente "orgânica" contida nos lixiviados e possui sistema de recolha de metano para recolher o gás metano que se forma durante a decomposição do lixo.

Os diferentes tipos de aterros sanitários:

- Classe I: para resíduos perigosos.
- Classe II: para resíduos domésticos e similares.
- Classe III: para resíduos de C&D.

2.2.2.1.1. O ciclo de vida de um aterro sanitário

- **Fase 1: estudos e seleção do local**
  - Avaliação do local com base em critérios geotécnicos e ambientais.
  - Comunicação e sensibilização da população para evitar possíveis oposições.
- **Fase 2: Projeto técnico e procedimentos de aprovação regulamentar**
  - Aprovação do dossier técnico.
  - Finalização dos procedimentos regulamentares.
  - Lançamento das obras.
- **Fase 3: Execução das obras**
  - Execução de infra-estruturas técnicas.
  - Execução do 1º cacifo.
- **Fase 4: entrada em funcionamento**
  - O aterro é explorado durante 15 a 20 anos.
  - Os cacifos estão feitos.
- **Fase 5: encerramento do sítio**
  - Os cacifos são fechados e colocados sob controlo.

Fase 6: monitorização a longo prazo

- Controlo do sítio durante 30 anos [29].

2.2.2.1.2. O processo de deposição em aterro

Trazemos os resíduos e despejamo-los nos cacifos, colocamos um forro de plástico, um tapete geotêxtil, gravilha e cobrimo-lo com uma camada de solo compactado. Sempre que queremos colocar resíduos nos cacifos, fazemos o mesmo processo vezes sem conta. As bactérias no aterro decompõem o lixo na ausência de oxigénio (anaeróbico) porque o aterro é hermético. Um subproduto desta decomposição anaeróbia é o gás de aterro, que contém metano, dióxido de carbono com pequenas quantidades de azoto e oxigénio. Isto representa um perigo porque o metano pode explodir e/ou arder. Por isso, o gás de aterro deve ser removido.

Para o efeito, são instalados vários tubos no interior do aterro para recolher o gás. Nalguns aterros, este gás é expelido ou queimado. Mais recentemente, reconheceu-se que este gás de aterro representa uma fonte de energia utilizável. O metano pode ser extraído do gás e utilizado como combustível.

Este desenho em corte transversal mostra a estrutura de um aterro de resíduos. As setas indicam o fluxo de lixiviado, que é uma substância contaminada [30].

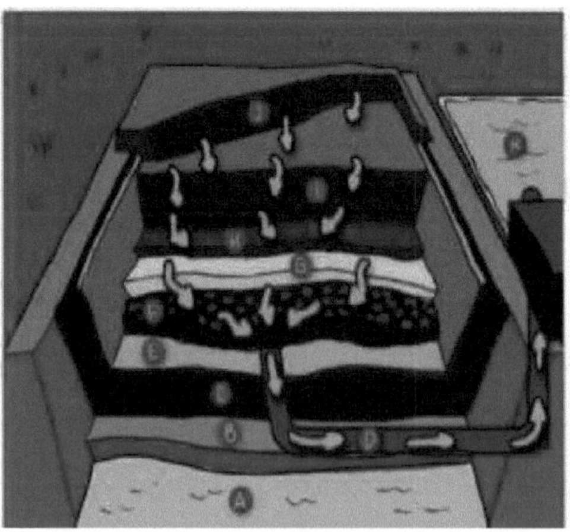

A Ground Water
B Compacted Clay
C Plastic Liner
D Leachate Collection Pipe
E Geotextile Mat
F Gravel
G Drainage Layer
H Soil Layer
I Old Cells
J New Cells
K Leachate Pond

Figura 2-4 Processo de deposição em aterro [30]

As partes básicas de um aterro, como mostra a Figura 2.4, são

- Sistema de revestimento do fundo - separa o lixo e os lixiviados subsequentes das águas subterrâneas.
- Células (antigas e novas) - onde o lixo é armazenado dentro do aterro.
- Sistema de drenagem de águas pluviais - recolhe a água da chuva que cai sobre o aterro.
- Sistema de recolha de lixiviados - recolhe a água que percolou através do próprio aterro e que contém substâncias contaminantes (lixiviados).
- Sistema de recolha de metano - recolhe o gás metano que se forma durante a decomposição do lixo.
- Cobertura ou tampa - veda a parte superior do aterro.

Principais componentes do gás de aterro	
Composto	**Concentração típica (por cento)**
Metano	30-60
Dióxido de carbono	20-50
Oxigénio	<2
Nitrogénio	<10

Quadro 2-1 Principais componentes dos gases de aterro [31]

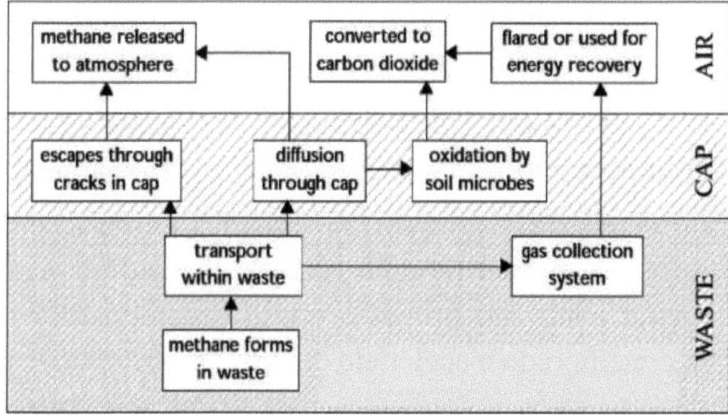

Figura 2-5 Vias de escoamento do metano dos aterros sanitários [31]

2.2.2.1.3. Vantagens e limites da deposição em aterro

- **Vantagens**
  - Os aterros podem representar um método de armazenamento a longo prazo; não é um método de eliminação demasiado intensivo em termos de capital ao longo do tempo, embora os custos de instalação possam ser elevados.
  - Está amplamente disponível.
  - É comparativamente insensível às variações diárias da quantidade e da natureza dos resíduos depositados.
  - É adequado num vasto leque de circunstâncias (ou seja, o equipamento, a tecnologia e as competências estão virtualmente disponíveis) a nível mundial e a nível local).
- **Limites**
  - Os riscos potenciais de poluição dos recursos hídricos.
  - Os riscos potenciais de contaminação do solo.
  - A produção de gás de aterro, ou seja, metano e dióxido de carbono.
  - Potencial exposição humana a produtos químicos voláteis.
  - O cheiro, os insectos e o fogo.
  - Destruição de sítios naturais/virgens.
  - Limpeza e monitorização a longo prazo e com custos elevados (pós-tratamento, acompanhamento) [35].

2.2.2.2 Compostagem

A compostagem é a decomposição biológica aeróbica controlada de matéria orgânica num produto estável, chamado composto. É essencialmente o mesmo processo que a decomposição natural, exceto que é melhorado e acelerado através da mistura de resíduos orgânicos com outros ingredientes para otimizar o crescimento microbiano.

2.2.2.2.1. **Processo**

O processo de compostagem é efectuado por uma população diversificada de microrganismos predominantemente aeróbios que decompõem a matéria orgânica para crescerem e se reproduzirem. A atividade destes microrganismos é incentivada através da gestão da percentagem de carbono para azoto, do fornecimento de oxigénio, do teor de humidade, da temperatura e do pH da pilha de composto.

Uma compostagem bem gerida aumenta a taxa de decomposição natural e gera calor suficiente para destruir sementes de ervas daninhas e agentes patogénicos.

O processo de compostagem pode ser dividido em dois períodos principais: compostagem ativa e cura. A compostagem ativa é o período de atividade microbiana enérgica durante o qual o material facilmente degradável é decomposto, bem como alguns dos materiais mais resistentes à decomposição, como a celulose.

A cura segue-se à compostagem ativa e é caracterizada por um nível mais baixo de atividade microbiana e pela decomposição adicional dos produtos da fase de compostagem ativa. Quando a cura atinge a sua fase final, diz-se que o composto está estabilizado [32].

Figura 2-6 Compostagem de resíduos [33]

2.2.2.2.2. Vantagens e limites

- **Vantagens**
  - A compostagem reduz a dependência de fertilizantes manufacturados e adiciona muitos nutrientes necessários para o crescimento das plantas. É também pouco dispendioso.
  - O pH do solo é alterado pela adição de composto. O pH ideal para o cultivo da maioria das frutas e legumes situa-se geralmente entre 6,0 e 7,5. Se o solo for demasiado alcalino (pH superior a 7,5), o composto pode ajudar a baixá-lo. Se o solo for demasiado alcalino, o composto pode ajudar a aumentá-lo.
  - A compostagem recicla os resíduos orgânicos. Ao colocar frutas, legumes e resíduos de jardim numa pilha de compostagem, reduz-se a necessidade de espaço adicional nos aterros.
  - O composto melhora a estrutura do solo. Quando se adiciona matéria orgânica, como o composto, a estrutura do solo é melhorada, levando a uma melhor capacidade de retenção de nutrientes e de humidade [34].
- **Limites**
  - Talvez a desvantagem mais aparente da compostagem seja a quantidade de esforço envolvido. Revirar o composto é um trabalho difícil, e terá de o fazer várias vezes para obter um composto acabado numa estação de crescimento. Quando a matéria orgânica estiver suficientemente decomposta, o composto deve ser transportado para a horta e espalhado uniformemente sobre a superfície do solo.
  - A compostagem é especialmente difícil quando se considera a quantidade necessária para fertilizar um jardim de tamanho considerável. O volume de matéria orgânica fresca necessária para fazer este composto seria duas a três vezes superior.

Pode ser difícil recolher, revirar e transportar esta quantidade de material de compostagem.

- O composto acabado não contém todos os nutrientes que entraram na pilha como matérias-primas. Se não gerir e proteger cuidadosamente a sua pilha de composto, as perdas de nutrientes podem ser significativas. O azoto é mais facilmente reduzido durante a compostagem porque se dissipa na atmosfera como amoníaco, e muitos outros nutrientes são lixiviados da pilha pela chuva [35].

2.2.2.3 Digestão anaeróbia

A digestão anaeróbia (DA) é um processo biológico que ocorre naturalmente quando as bactérias decompõem a matéria orgânica em ambientes com pouco ou nenhum oxigénio. Trata-se efetivamente de uma versão controlada e fechada da decomposição anaeróbia dos resíduos orgânicos em aterro, que liberta metano [36].

2.2.2.3.1. Processo

O processo consiste em duas etapas principais: pré-tratamento mecânico húmido e conversão biológica. No despolpador de resíduos, a matéria-prima é misturada com água de processo recirculada. Os contaminantes como plásticos, têxteis, pedras e metais são separados de forma eficaz e cuidadosa, sem qualquer triagem manual, através de um ancinho e de um separador de fracções pesadas. A partir dos materiais orgânicos contidos é produzida uma suspensão espessa bombeável (polpa) que pode ser facilmente manuseada e digerida.

Um componente adicional opcional, mas essencial, do processo é o sistema de remoção de granalha que separa a matéria mais fina que ainda resta, como areia, pequenas pedras e lascas de vidro, passando a polpa por um hidrociclone. Desta forma, a instalação é protegida contra o aumento da abrasão e, em seguida, tem lugar a chamada digestão de uma fase.

Fermentação da pasta produzida numa única etapa num reator de fermentação mista. O biogás produzido é utilizado numa unidade CHP, enquanto o digerido pode ser desidratado e compostado.

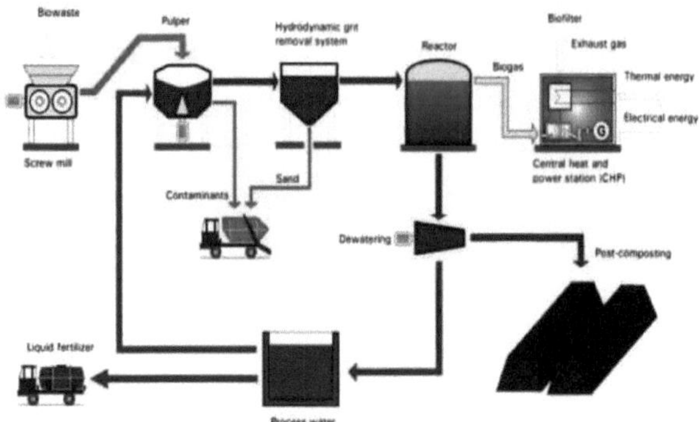

Figura 2-7 Processo de digestão anaeróbia [37]

2.2.2.3.2. Vantagens e limites

- **Vantagens**
  - A AD contribui para a redução dos gases com efeito de estufa. Um sistema de AD bem gerido terá como objetivo maximizar a produção de metano, mas não libertar quaisquer gases para a atmosfera.
  - A AD também fornece uma fonte de energia sem aumento líquido do carbono atmosférico, que contribui para as alterações climáticas.
  - A matéria-prima para a AD é uma fonte renovável. A energia gerada por este processo pode ajudar a reduzir a procura de combustíveis fósseis.
  - A AD cria um sistema de gestão integrado que reduz a probabilidade de ocorrência de poluição do solo e da água. Em comparação com a eliminação de estrume animal não tratado.

O tratamento também pode levar a uma redução de até 80% do odor e destrói praticamente todas as sementes de ervas daninhas, reduzindo assim a necessidade do herbicida e de outras medidas de controlo de ervas daninhas.

- o Do ponto de vista financeiro, as vantagens da AD consistem em converter os resíduos em produtos potencialmente vendáveis: biogás, corretor de solos, fertilizante líquido. Pode também contribuir para a viabilidade económica das explorações agrícolas

- **Limites**
  - o A AD tem custos de capital e operacionais significativos.
  - o A localização da fábrica deve ser escolhida cuidadosamente para que as distâncias percorridas sejam minimizadas entre a produção da matéria-prima. Os tanques de armazenamento e o digestor. O incómodo para a vizinhança também tem de ser tido em conta.
  - o Relativamente à saúde e segurança. Podem existir alguns riscos para a saúde humana devido ao conteúdo patogénico da matéria-prima.
  - o Podem também existir alguns riscos de incêndio e explosão

[37].

2.2.3. Tratamentos térmicos

2.2.3.1. Incineração

A incineração é o processo de queima direta e controlada de resíduos na presença de oxigénio a temperaturas de cerca de 8500C e superiores, libertando energia térmica, gases e cinzas inertes. O rendimento energético líquido depende da densidade e da composição dos resíduos.

Percentagem relativa de humidade e de materiais inertes, que contribuem para a perda de calor; temperatura de ignição; dimensão e forma dos constituintes; conceção do sistema de combustão, etc. Na prática, cerca de 65% a 80% do conteúdo energético da matéria orgânica pode ser recuperado como energia térmica, que pode ser utilizada quer para aplicações térmicas diretas, quer para a produção de energia com a ajuda de turbinas geradoras de vapor [38].

2.2.3.1.1. O processo de incineração

- **Combustão:** Os resíduos são continuamente introduzidos no forno por uma ponte rolante. Os resíduos são incinerados num forno especialmente concebido para o efeito, a uma temperatura elevada de > 850° C durante mais de 2 segundos, com um fornecimento de ar suficiente para assegurar a combustão completa dos resíduos e evitar a formação de dioxinas e monóxido de carbono.
- **Caldeira/turbina a vapor:** O calor da combustão é utilizado para gerar vapor na caldeira. O vapor acciona então a turbina que está acoplada ao gerador de eletricidade. O excesso de calor gerado pode também ser utilizado para outros fins, por exemplo, aquecimento de piscinas.
- **Limpeza dos gases de escape:** Os gases de escape da caldeira são normalmente limpos pelos seguintes sistemas avançados de controlo da poluição para garantir a conformidade com as rigorosas normas ambientais.
- **Depuradores secos ou húmidos:** Para pulverizar pó de cal ou lama fina atomizada nos gases de escape quentes para neutralizar e remover os gases ácidos poluídos (óxidos de enxofre, cloreto de hidrogénio).
- **Injeção de carvão ativado:** Para adsorver e remover quaisquer metais pesados e poluentes orgânicos (por exemplo, dioxinas) nos gases de escape.
- **Filtro de mangas:** Para filtrar e remover poeiras e partículas finas.
- **Redução não catalítica selectiva:** Remoção de um óxido de azoto (que é uma das causas do smog urbano) através da sua reação com amoníaco.
- As cinzas volantes são levadas para o aterro e as cinzas de fundo são levadas para a reciclagem de metais e materiais [39].

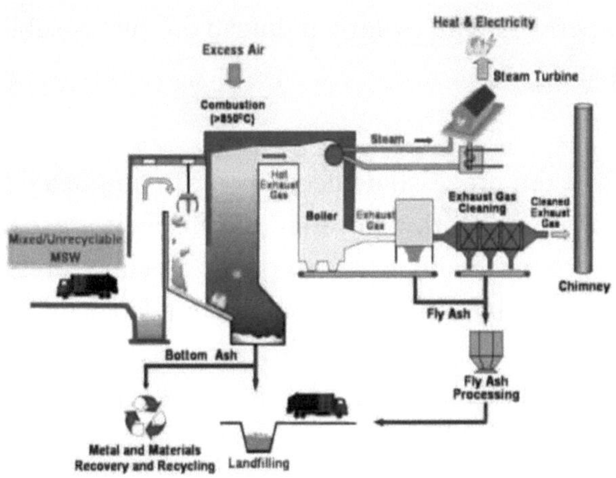

Figura 2-8 Processo de incineração [39]

2.2.3.1.2. Vantagens e limites

- **Vantagens**
  - A incineração é a melhor forma de eliminar o gás metano dos processos de gestão de resíduos.
  - Os projectos de energia a partir de resíduos constituem um substituto para os combustíveis fósseis combustão.
  - Uma das caraterísticas mais atractivas do processo de incineração é o facto de poder ser utilizado para reduzir o volume original dos combustíveis em 80 a 95%.
- **Limites**
  - Uma instalação de incineração implica investimentos avultados e custos de funcionamento elevados e requer moeda local e estrangeira durante o seu funcionamento.
  - A complexidade de uma instalação de incineração exige pessoal qualificado.
  - Os resíduos da limpeza dos gases de combustão podem contaminar o ambiente se não forem manuseados adequadamente e devem ser eliminados em aterros controlados

e bem operados para evitar a poluição das águas subterrâneas e superficiais [38].

2.2.3.2. Pirólise

A pirólise é um processo de decomposição química de materiais orgânicos a temperaturas elevadas na ausência de oxigénio. O processo ocorre normalmente a temperaturas superiores a 430°C e sob pressão. Envolve simultaneamente a mudança de fase física e de composição química e é um processo irreversível. A palavra pirólise foi cunhada a partir das palavras gregas "pyro", que significa fogo, e "lysis", que significa separação [40].

2.2.3.2.1. Processo

O primeiro passo é o pré-tratamento da biomassa, a eficiência e a natureza do produto dependem do tamanho das partículas e da humidade, os resíduos com elevada humidade requerem secagem.

O segundo passo é a reação de pirólise, a biomassa pré-aquecida é introduzida no reator de pirólise que contém a câmara de ar para manter o oxigénio e o ar indesejado fora do reator, e o incinerador pré-aquece o reator de processo e atinge a biomassa indiretamente. Em geral, a pirólise de substâncias orgânicas produz gás e, por vezes, produtos líquidos, deixando um resíduo sólido mais rico em carbono. O processo difere de outros processos de alta temperatura, como a combustão e a hidrólise, na medida em que normalmente não envolve reacções com oxigénio, água ou quaisquer outros reagentes.

O terceiro passo é a transição, neste passo o reator produz o gás e depois passa para o separador de ciclones para remover o carvão, os gases purificados são depois arrefecidos com água fria, neste passo depois da água de arrefecimento arrefecer rapidamente os gases o bio óleo condensa e um depósito no fundo e um gás não condensável são reciclados para o combustor no passo seguinte como combustível de combustão.

Finalmente, o óleo produzido é armazenado num tanque de óleo para posterior transporte e armazenamento [41].

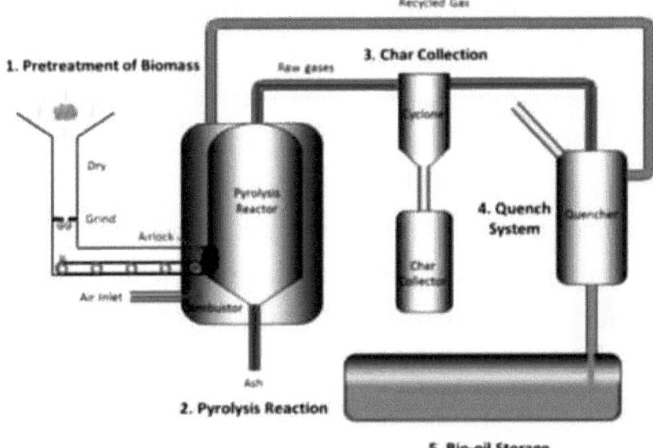

Figura 2-9 Processo de pirólise [41]

2.2.3.2.2. Vantagens e limites

- **Vantagens**
    - É simples.
    - Reduz os resíduos depositados em aterros e as emissões de gases com efeito de estufa.
    - Reduz o risco de poluição da água.
    - Tem o potencial de reduzir a dependência do país de recursos energéticos importados, gerando energia a partir de recursos nacionais.
    - A gestão de resíduos com a ajuda da moderna tecnologia de pirólise é menos dispendiosa do que a eliminação em aterros.
    - A construção de uma central eléctrica de pirólise é um processo relativamente rápido.
    - Cria vários novos postos de trabalho para pessoas com baixos rendimentos com base nas quantidades de resíduos gerados na região, o que, por sua vez, proporciona benefícios para a saúde pública através da limpeza dos resíduos [40].

- **Limites**
  - o Não adequado para utilização direta em motores de combustão interna normais.
  - o O processo de pirólise exige elevados custos de investimento.
  - o É necessária uma instalação de purificação do ar para tratar melhor os gases de combustão da pirólise.
  - o As cinzas produzidas contêm um elevado teor de metais pesados, dependendo das concentrações no fluxo a ser processado. Estas cinzas são consideradas resíduos perigosos e devem também ser eliminadas [42].

2.2.3.3. Gaseificação

É um processo de alta temperatura que produz um gás combustível que, após a limpeza, pode proporcionar um bom desempenho ambiental e uma elevada flexibilidade nas aplicações. O processo é utilizado para converter a biomassa (biomassa sólida, resíduos) num gás combustível que pode ser utilizado para diferentes fins.

A matéria-prima típica para a gaseificação é a biomassa celulósica, como aparas de madeira, pellets ou pó de madeira, ou subprodutos agrícolas como palha ou cascas. O gás produzido é designado por gás de produção ou gás de síntese (syngas).

A gaseificação da matéria-prima tem lugar a 700°C - 1600°C na presença de um meio de gaseificação. Os meios de gaseificação utilizados são o ar, o oxigénio, o vapor ou uma mistura destes.

2.2.3.3.1. Processo

O processo de gaseificação combina várias etapas: pré-tratamento da matéria-prima, a gaseificação propriamente dita, a limpeza do gás e a utilização do gás num motor a gás ou em qualquer outro dispositivo, dependendo do objetivo pretendido. Em muitos casos, o pré-tratamento da matéria-prima é efectuado para aumentar a produção de gás.

O pré-tratamento da biomassa é importante para obter um

elevado desempenho do gaseificador. Alguns pequenos gaseificadores utilizam aparas de biomassa normalizadas com baixo teor de humidade ou pellets. A moagem da biomassa só é necessária para a tecnologia de fluxo.

No processo de gaseificação, a biomassa e o meio de gaseificação (ar, oxigénio, vapor ou uma mistura destes) são injectados no gaseificador. O oxigénio ou o ar queimam parte da biomassa combustível para aquecer o combustível recebido até à temperatura do processo e para fornecer o calor de reação necessário, de modo a que o caudal controle a temperatura do gaseificador.

A combustão parcial pode ter lugar diretamente no gaseificador, como é o caso na maioria das aplicações, ou indiretamente num combustor adjacente, a partir do qual o calor é transferido para o gaseificador por um meio circulante, geralmente areia. A combustão indireta permite a produção de um gás isento de N2 com uma conversão completa da biomassa.

A eficiência é mais elevada nos processos de gaseificação, uma vez que podem ser efectuados a uma temperatura mais elevada do que a combustão. 70 -80% da energia contida na matéria-prima é convertida no conteúdo energético do gás de produção, sendo o restante calor e perdas.

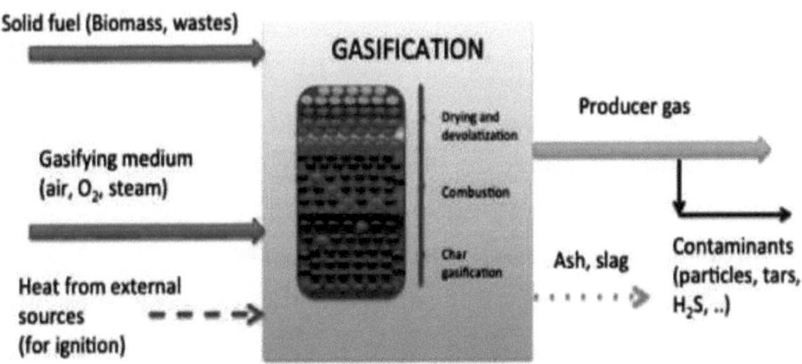

Figura 2-10 Processo de gaseificação [43]

2.2.3.3.2. Vantagens e limites

- **Vantagens**

  - A tecnologia de gaseificação de biomassa é uma tecnologia madura e os gaseificadores estão disponíveis em vários modelos e capacidades para atender a diferentes requisitos.
  - A tecnologia é adequada e económica para aplicações pequenas e descentralizadas, normalmente com capacidades inferiores a um megawatt.
  - As centrais térmicas e as unidades baseadas na energia solar e eólica são muito específicas em termos de localização; os sistemas baseados em gaseificadores de biomassa podem ser instalados em quase todos os locais onde exista matéria-prima de biomassa.
  - Para sistemas de pequena escala, o custo da produção de eletricidade através da tecnologia de gaseificação da biomassa é muito mais razoável do que o da produção convencional de eletricidade com base no gasóleo.
  - Os sistemas baseados em gaseificadores de biomassa geram emprego para a população local.
  - Os sistemas de produção de energia a partir da biomassa são uma opção atractiva para atenuar os efeitos adversos das alterações climáticas [43].

- **Limites**

  - Vários fabricantes afirmam que a sua unidade pode funcionar com todos os tipos de biomassa. Mas trata-se de um facto questionável, uma vez que as propriedades físicas e químicas variam de combustível para combustível.
  - Os gaseificadores requerem pelo menos meia hora ou mais para iniciar o processo. A matéria-prima é volumosa e o reabastecimento frequente é muitas vezes necessário para o funcionamento contínuo do sistema. O manuseamento de

resíduos, como as cinzas e os condensados de alcatrão, é um trabalho moroso e sujo. Conduzir com veículos movidos a gás de produção requer uma atenção muito maior e mais frequente do que com veículos movidos a gasolina ou gasóleo.

- Etting do gás de produção não é difícil, mas a obtenção no estado correto é a tarefa mais difícil. As propriedades físicas e químicas do gás de produção, tais como o teor energético, a composição do gás e as impurezas, variam de tempos a tempos. Todos os gaseificadores têm requisitos bastante rigorosos em termos de dimensão do combustível, humidade e teor de cinzas. A preparação inadequada do combustível é uma causa importante de problemas técnicos nos gaseificadores [44].

Quadro 2-2 Diferença entre incineração, pirólise e gaseificação [45]

	Oxigénio	**Temperatura**	**Produção**
Incineração	Excesso de ar	> 850 C°	Calor e eletricidade
Pirólise	Sem ar	430°C	Bio-óleo, biochar e eletricidade
Gaseificação	Ar parcial	700°C - 1600°C	Gás de síntese e eletricidade

2.3. Regulamentos

2.3.1. Os 3 R's

- **Recolher**

Cada tipo de resíduo em contentores específicos. Os sacos de lixo são bem fechados ou selados, os sacos de calibre ligeiro podem ser fechados atando o gargalo, mas os sacos de calibre mais pesado requerem provavelmente uma etiqueta de selagem de plástico do tipo autoblocante.

- **Transporte**

O camião utilizado para o transporte de resíduos deve ser:

- Fácil de carregar e descarregar
- Sem arestas vivas que possam danificar os sacos ou contentores de resíduos durante a carga e a descarga.
- Fácil de limpar.

- **Armazenamento**

- A área de armazenamento deve ter um pavimento impermeável, duro e com boa drenagem; deve ser fácil de limpar e desinfetar.
- Deve existir um abastecimento de água para efeitos de limpeza.
- A zona de armazenagem deve permitir um acesso fácil ao pessoal responsável pelo manuseamento dos resíduos.
- O armazém deve poder ser fechado à chave para impedir o acesso de pessoas não autorizadas.
- O acesso fácil para os veículos de recolha de resíduos é essencial.
- Deve haver proteção contra o sol.
- A área de armazenamento deve ser inacessível a animais, insectos e aves.
- Deve haver uma boa iluminação e, pelo menos, uma ventilação passiva.
- A zona de armazenagem não deve estar situada na proximidade de armazéns de alimentos frescos ou de zonas de preparação de alimentos.
- O equipamento de limpeza, o vestuário de proteção e os sacos ou contentores de resíduos devem estar convenientemente localizados perto da área de armazenamento [46].

2.3.2. Tratamento térmico

Sem prejuízo do artigo 11.º da Diretiva 75/442/CEE ou do artigo 3.º da Diretiva 91/689/CEE, nenhuma instalação de tratamento térmico pode funcionar sem uma autorização para realizar essas actividades.

- Sem prejuízo do disposto na Diretiva 96/61/CE, o pedido de autorização de uma instalação de tratamento térmico à autoridade competente deve incluir uma descrição das medidas previstas para garantir que
  - A instalação foi concebida, equipada e será explorada de forma a que os requisitos da presente diretiva tenham em conta as categorias de resíduos a tratar.
  - O calor gerado durante o processo de tratamento térmico é recuperado na medida do possível (por exemplo, através da produção combinada de calor e eletricidade, da produção de vapor de processo ou do aquecimento urbano).
  - Os resíduos serão minimizados na sua quantidade e nocividade e reciclados sempre que necessário.
  - A eliminação dos resíduos que não possam ser evitados, reduzidos ou reciclados será efectuada em conformidade com a legislação nacional e comunitária.
- Sem prejuízo das disposições do Tratado, os Estados-Membros podem enumerar as categorias de resíduos a mencionar na licença que podem ser tratadas em categorias definidas de instalações de tratamento térmico.
- Sem prejuízo do disposto na Diretiva 96/61/CE, a autoridade competente deve reexaminar periodicamente e, se necessário, atualizar as condições de licenciamento.
- Antes de aceitar resíduos perigosos na instalação de tratamento térmico, o operador deve dispor de informações sobre os resíduos para efeitos de verificação, nomeadamente, do cumprimento dos requisitos da licença:
  - Todas as informações administrativas sobre o processo de

produção.

- A composição física e, tanto quanto possível, química dos resíduos e todas as outras informações necessárias para avaliar a sua adequação ao processo de tratamento térmico previsto.
- As caraterísticas perigosas dos resíduos, as substâncias com as quais não podem ser misturados e as precauções a tomar no manuseamento dos resíduos.

- Devem ser instalados equipamentos de medição e utilizadas técnicas para monitorizar os parâmetros, condições e concentrações de massa relevantes para o processo de tratamento térmico.
- As instalações de tratamento térmico devem ser exploradas de modo a atingir um nível de incineração tal que o teor de carbono orgânico total (COT) das escórias e cinzas depositadas seja inferior a 3 % ou que a sua perda por ignição seja inferior a 5 % do peso seco do material. Se necessário, devem ser utilizadas técnicas adequadas de pré-tratamento dos resíduos.
- Todo o calor gerado pelo processo térmico deve ser recuperado, na medida do possível [47].

Quadro 2-3 Valores-limite das emissões para a atmosfera (valores médios diários) [47]

Poluente	**C (mg/m)^3**
Poeira total	10
Substâncias orgânicas gasosas e vaporosas, expressas em carbono orgânico total	10
Cloreto de hidrogénio (HCl)	10
Fluoreto de hidrogénio (HF)	1
Dióxido de enxofre (SO)$_2$	50

Monóxido de azoto (NO) e dióxido de azoto (NO_2), expressos em dióxido de azoto, para as instalações de incineração existentes com uma capacidade nominal superior a 6 toneladas por hora ou para as novas instalações de incineração	200
Monóxido de azoto (NO) e dióxido de azoto (NO_2), expressos como dióxido de azoto para as instalações de incineração existentes com uma capacidade nominal igual ou inferior a 6 toneladas por hora	400

2.3.3. Tratamento biológico

Os resíduos devem ser enviados para instalações de tratamento biológico que cumpram os requisitos da Diretiva 1999/31/CE. O objetivo da diretiva é evitar ou reduzir, tanto quanto possível, os efeitos negativos no ambiente, em especial nas águas superficiais, nas águas subterrâneas, no solo, no ar e na saúde humana. Os seguintes resíduos não podem ser aceites num tratamento biológico:

- Resíduos inflamáveis.
- Resíduos explosivos.
- Resíduos hospitalares e outros resíduos clínicos infecciosos.
- Pneus usados, com algumas excepções .

A diretiva estabelece um sistema de autorizações de funcionamento para as instalações de tratamento biológico. Os pedidos de autorização devem conter as seguintes informações:

- A identidade do requerente e, em alguns casos, do operador.
- Uma descrição dos tipos e da quantidade total de resíduos a depositar.
- A capacidade do local de eliminação.
- Uma descrição do sítio.
- Os métodos propostos para a prevenção e a redução da

poluição.

- O plano de exploração, acompanhamento e controlo proposto.
- O plano de encerramento e os procedimentos de acompanhamento.
- A segurança financeira do requerente [48].

Quadro 2-4 Taxa de deposição em aterro em euros/t em alguns países europeus [49]

País	Taxa de aterro em €/T
Dinamarca	Imposto em vigor desde 1987. 63,3 euros por tonelada Referência: desde 2010, ainda válido em 2017
Finlândia	70 euros por tonelada em 2017
França	150 € por tonelada em aterros "não autorizados **A**: 32 €/tonelada em aterros "autorizados" + ISO 14001 **B**: 23 euros/tonelada em aterros "autorizados" com 75% de recuperação de energia a partir do biogás captado **C**: 32 euros/tonelada em células de aterro de bioreactor "autorizado" com recuperação de biogás Ano de referência: 2017
Irlanda	75 euros por tonelada desde 1.7.2013.
Polónia	33 euros por tonelada em 2018 40 euros por tonelada em 2019 64 euros por tonelada a partir de 2020
Portugal	Imposto introduzido em 2007. 2017: 7,7 euros por tonelada 2018: 8,8 euros por tonelada 2019: 9,9 euros por tonelada 2020: 11 euros por tonelada

Suíça	Resíduos inertes:4,3 € / tonelada Resíduos estabilizados, cinzas de fundo, resíduos de construção: 13,7 euros/tonelada Aterro subterrâneo num país estrangeiro:18,9 € / tonelada Taxas em vigor desde 1.1.2017
Reino Unido	Imposto introduzido em 1996. Inglaterra, País de Gales e Irlanda do Norte Tarifas a partir de 1 de abril de 2017: £86,10 / tonelada (taxa normal) £2,70 / tonelada (taxa mais baixa) Tarifas a partir de 1 de abril de 2018: £88,95 / tonelada (taxa normal) £2,80 / tonelada (taxa mais baixa) Escócia Desde 1 de abril de 2015, a Escócia pode adotar a sua própria taxa de aterro. Em 2017, a taxa era a mesma que a do resto do Reino Unido.

2.4 A descrição do processo

Colocar os resíduos orgânicos (animais e vegetais) na panela de pressão, fechá-la bem e abrir o fogão. Após 2-5 minutos os resíduos começam a gerar gás que é transportado da panela de pressão para um jarro cheio de água para arrefecer e filtrar, do jarro vai para 2 tubos. O primeiro tubo para usar o fogo e o segundo tubo vai para o motor, quando o motor se liga, faz girar o gerador e gera eletricidade.

2.5. As reacções no digestor

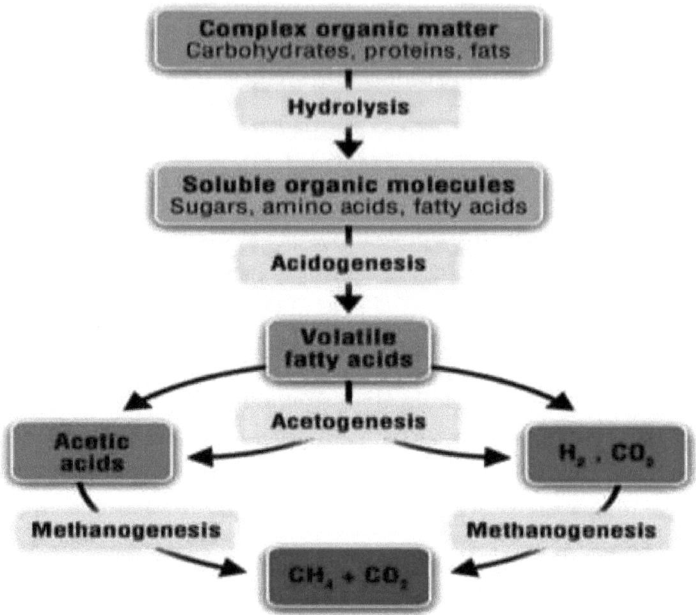

Figura 2-11: reacções no digestor [55]

- **Hidrólise**

Onde as moléculas orgânicas complexas são decompostas em açúcares simples, aminoácidos e ácidos gordos com a adição de grupos hidroxilo.

- **Acidogénese**

As bactérias acidogénicas decompõem-nos ainda em moléculas mais simples, os ácidos gordos voláteis (AGV), produzindo amoníaco, CO_2 e sulfureto de hidrogénio como subprodutos.

- **Acetogénese**

As moléculas simples da acidogénese são posteriormente digeridas por bactérias chamadas acetogénicas para produzir CO_2, hidrogénio e principalmente ácido acético.

- **Metanogénese**

O metano, o CO_2 e a água são produzidos por bactérias chamadas metanogénios. O nível de pH deve ser mantido entre 5,5-8,5 e a temperatura entre 30-60°C, a fim de maximizar as taxas de digestão [50].

Todas as tecnologias de tratamento de resíduos têm vantagens e limitações, mas com o desenvolvimento da tecnologia, seguindo os regulamentos e uma boa gestão, podemos encontrar uma forma de os aproveitar ao máximo com menos danos.

Conclusão geral

Os resíduos devem ser geridos de forma específica e racional para evitar qualquer dano à saúde humana e ao meio ambiente. Por isso, é necessário fazer um estudo prévio sobre a natureza dos resíduos que são produzidos em cada sector, determinar a sua quantidade e tipologia e programar os equipamentos e meios de acondicionamento, armazenamento, transporte e tratamento, bem como o pessoal necessário para esta gestão. Assim, cada tipo de resíduo tem procedimentos de tratamento específicos que devem ser respeitados para evitar consequências indesejadas.

O objetivo do nosso estudo é contribuir para a resolução de certos aspectos problemáticos da gestão de resíduos cujo objetivo e reduzir o risco; apresentámos algumas técnicas de tratamento de resíduos. Tais como a deposição em aterro, os 3R' s, a incineraçãoetc .... A fim de realçar o nosso trabalho um teste foi realizada para apresentar o processo do biogás e suas vantagens na geração de energia térmica e elétrica.

Por último, o tema da gestão e eliminação de resíduos continua a ser uma questão atual que deve ser de grande importância através da prática de certos métodos de gestão de resíduos que devem ser melhorados através da inserção de tecnologias adequadas para preservar a saúde dos cidadãos e o ambiente.

Bibliografia

[1] Sra. Boukli Hacene Samira, "Identification et Caractérisation des déchets ménagers solides de la ville de Tlemcen", tese de mestrado, Departamento de Ecologia Laboratório de Investigação Ecologia e Gestão dos Ecossistemas Naturais, Universidade ABOU BAKR BELKAID Argélia, Tlemcen, junho de 2017

[2] http://www.grid.unep.ch/waste/html_file/06-07_what_waste.html

[3] Yvonne Nana Afua Idun, Samuel Obiri, Edward Antwi, Edem Bensah, Training Africa's Youth in Waste Management and Climate Change, pp 07-08, outubro de 2013

[4] John Pichtel, Práticas de gestão de resíduos, Municipais, Perigosos e Industriais, 2014

[5] https://www. 123rf.com/photo_79985421_industrial-waste-and-air- pollution-with-black-smoke-from-chimneys-.html

[6] https://www. 123rf.com/photo_43874682_hazardous-medical-waste-that-needs-to-be-carefully-disposed-of-by-incineration-items-include-clinica. html

[7] Jennifer M. Granholm, Governadora - Steven E. Chester, Diretor, Michigan Department of Environmental Quality Waste and Hazardous Materials Division (Divisão de Resíduos e Materiais Perigosos do Departamento de Qualidade Ambiental do Michigan).

[8] Louisiana Department of Environmental Quality Small Business Assistance Program 6 de julho de 2001.

[9] https://www.cleanharbors.com/services/technical-services/household-hazardous-waste-services/universal-waste-
programas

[10] http://www.millenniumpost.in/any-idea-where-construction-debris- goes-211225

[11] http://thedailyline.net/chicago/03/15/2019/exelon-pushing-

bill- would-give-illinois-independent-process-to-buy-energy/

[12] Anon, Dirty Metal, Mining Communities and Environment, Earthworks, Oxfam America, Washington, pp 4, 2006.

[13] http://www.radioalgerie.dz/news/ar/article/20180627/145117.html

[14] http://www.thebiganswer.info/World-Population-Growth.php

[15] http://datatopics.worldbank.org/what a-waste/trends_in_solidwaste_management.html

[16] https://tradingeconomics.com/algeria/import-prices

[17] Dave Ramsey, The Total Money Makeover: A Proven Plan
[18] for Financial Fitness, Publicado por Nelson Books, 1 de fevereiro de 2007 Peter Klein Sorensen "The Meaning of
[19] Consumption", Tese de Mestrado, Universidade de
[20] Copenhaga, Faculdade de Humanidades, Departamento de
[21] Media, Cognição e Comunicação, julho de 2013 https://people.com/human-interest/black-friday-2018-shopping- photos/

Pervez Alam, Kafeel Ahmade, "Impact of Solid Waste on Health and The Environment", Vol. 2 (01), pp. 165 - 168, 2013 https://www.stripes.com/news/bagram-s-million-dollar-trash-economy-70-tons-of-trash-a-day-sorted-by-hand-1.562059

[22] https://waterclimate.wordpress.com/research/climate-change/

[23] Banco Mundial (1999), -What a Waste: Solid Waste Management in Asia, Unidade do Setor do Desenvolvimento Urbano, Divisão da Ásia Oriental e do Pacífico, Working Paper SeriesNo. 1.

Senkoro, Hawa. (2003), -Gestão de Resíduos Sólidos em África: A WHO / AFRO Perspective, Paper 1, apresentado em Dar Es Salaam no Workshop do CWG, março de 2003.

[24] David Owen Bell, The Chesapeake BayGull, Volume VII: (2009)

[25] https://www.epa.gov/recycle/recycling-basics

[26] https://www.yelu.in/company/921944/kpl-international-limited

[27] República da África do Sul, Recycling Training Manual, Departamento de Assuntos Ambientais, 2016

[28] Daniel Schneider, Limits of recycling, A Ragossnig Universidade de Zagreb, Zagreb, Croácia, Waste Management & Research 32(7):563-564, julho (2014)

[29] Documentos da empresa CET

r,fy . Como funciona um aterro sanitário, American Environmental Landfill, Inc. 1420[ ] W. 35th Street

[31] Boletim Warmer, publicado pela Residua Limited, maio de 2000

[32] Robert E. Graves, Gwendolyn M. Hattemer, *Composting,* Departamento de Engenharia Agrícola e Biológica da Universidade Estatal da Pensilvânia, fevereiro de 2000

[33] https://www.emaze.com/@AZFCLOCI

f,41 Karen Panter, Make the Most of Your Compost, University of Wyoming Extension, (2006)

[35] https://living.thebump.com/disadvantages-composting-5537.html

[36] Briefing Anaerobic Digestion, Friends of Earth, setembro de 2007

[37] Fabien Monnet, An Introduction to Anaerobic Digestion of Organic Wastes, novembro de 2003

[38] Avinash A. Patil, Amol A. Kulkarni, Balasaheb B. Patil, Waste to energy by incineration, Journal of Computing Technologies (2278 - 3814) / 12 /
Volume 3, Número 6, (2014)

[39] Pooja G. Nidoni, Processo de incineração para a gestão de resíduos sólidos e utilização efectiva de subprodutos, Departamento de engenharia civil, Grupo de instituições Sanjay Godhawat, Maharashtra, Índia, dezembro de 2017

[40] Kris Walker, o que é a pirólise? 17 de janeiro de 2013

rl1 -J.G. Speight, "synthetic fuels handbook: properties, process, and[ ] performance", McGraw-Hill, 236-239, 2008

[42] https://emis.vito.be/en/techniekfiche/pyrolysis

T hermochemical Gasification of Biomass, World Bioenergy[ ] Association, Holldndargatan 17, SE 111 60 Stockholm, Suécia

[44] http://eai.in/ref/ae////bio/bgt/cons/constraints_gasifiers.html

[45] Vesilind, P. A., Worrell, W., Reinhart, D. engenharia de resíduos sólidos. Brooks, Cole Thomson learning, Califórnia, Estados Unidos, 2002

[46] Fichas de informação de produtos: equipamento para o Programa Alargado sobre Imunização, Infecções Respiratórias Agudas, Segurança do Sangue, Campanhas de Emergência, Cuidados de Saúde Primários. Genebra, Organização Mundial de Saúde (documento não publicado) WHO/EPI/LHIS/97.01, que pode ser obtido no Programa Alargado de Imunização, Organização Mundial de Saúde, 1211 Genebra 27, Suíça). OMS (1997).

[47] Jornal Oficial da União Europeia.

Adam Pawelczyk, Política e legislação da UE em matéria de reciclagem de

[48] resíduos orgânicos na agricultura, Universidade de Ciência e Tecnologia de Wroclaw, 2005

[49] http://www.cewep.eu/wp-content/uploads/2017/12/Landfill-taxes- and-bans-overview.pdf

[50] Briefing Anaerobic Digestion, Friends of Earth, setembro de 2007

Printed by Books on Demand GmbH, Norderstedt / Germany